GRANDE CULTURE

DE LA

VIGNE AMÉRICAINE

ABRÉGÉ

dédié aux habitants de Garons

PAR

Mme LA DUCHESSE DE FITZ-JAMES

Août 1887

TROISIÈME MILLE. — DEUXIÈME ÉDITION

PRIX : **25** CENTIMES

NIMES
IMPRIMERIE RÉGIONALE, O. DUBOIS, DIRt.
2 — rue Bernard-Aton — 2

1887

GRANDE CULTURE

DE LA

VIGNE AMÉRICAINE

ABRÉGÉ

dédié aux habitants de Garons

PAR

Mme LA DUCHESSE DE FITZ-JAMES

Août 1887

NIMES
IMPRIMERIE RÉGIONALE, O. DUBOIS, DIRr.
2 — rue Bernard-Aton — 2

1887

GRANDE CULTURE

DE LA

VIGNE AMÉRICAINE

(EDITION POPULAIRE)

AVANT-PROPOS

Aux habitants de Garons

MES CHERS AMIS,

Vous savez que j'ai beaucoup étudié la grande culture de la vigne américaine et même que j'ai publié un ouvrage qui porte ce titre. Souvent vous venez me demander des conseils, et comme je ne peux pas vous envoyer lire quatre volumes, parce que vous n'en avez pas le temps, et qu'à côté des choses qui vous seraient utiles il y en aurait d'autres qui ne vous intéresseraient pas, je me suis décidée à faire, exprès pour vous, un abrégé de tout ce que je sais et de tout ce que j'ai écrit.

Nous appellerons, si vous le voulez, cet abrégé « *Edition populaire de la grande culture de la vigne américaine, dédiée aux habitants de Garons* ». Mon plus vif désir est que ce travail vous soit utile et vous prouve l'affectueux intérêt que je porte à vos travaux et à tout ce qui vous touche.

Saint-Benezet, 1er août 1886.

LOWENHJELM, Duchesse de FITZ-JAMES.

PRÉFACE

Le 17 mai 1882 Saint-Benezet reçut la visite de M. de Mahy, ministre de l'agriculture. Saint-Benezet c'est presque Garons. L'un finit et l'autre commence au pied du clocher que nous avons élevé ensemble avec le fruit de nos pauvres vignes françaises ; c'est ensemble que nous avons surmonté ce clocher de la croix qui nous protège et baptisé la cloche qui nous réunit chaque dimanche.

Nos « anciens » travaillaient ensemble et nous avons grandi avec amitié et confiance en les imitant, chacun selon ses devoirs et ses moyens. C'est pour cela que nous avons partagé l'honneur de cette visite et que j'étais heureuse et fière de présenter au ministre les premiers fermiers américanistes de France ! Heureuse de la preuve de confiance qui m'avait été donnée par mes vieux amis en me suivant dans ces nouveaux sentiers et fière de montrer au représentant de l'agriculture française, l'intelligence et le courage des gens de mon pays.

Vous avez su peut-être, que des étrangers et même des voisins se sont étonnés qu'un ministre de la République aille dans une maison aussi ancienne que la mienne, et où toutes les idées ne sont pas à la mode du jour !

Quelques-uns même ont osé le reprocher à M. de Mahy, qui pourtant savait aussi bien qu'eux ce qu'il avait à faire ! C'est en haut du Mont-Ventoux qu'ils ont été lui faire leurs observations déplacées, et M. de Mahy leur a tout simplement répondu ceci : « Je suis trop bien élevé pour manquer de parole à Mme de Fitz-James à qui j'ai annoncé ma visite; puis, étant ministre de l'agriculture, mon devoir est d'étudier la vigne américaine, et pour cela, ne faut-il pas que j'aille là ou se trouvent les plus grands et les plus vieux vignobles américains ? Puisqu'ils sont chez Madame de Fitz-James, c'est chez Madame de Fitz-James que j'irai les voir !

Ceux qui s'étonnent de cette visite ne savent pas ce que veut dire « république » ce mot qu'on répète si souvent et qui est composé de deux mots latins, « Res » qui veut dire chose ou intérêts, et « publica » qui veut dire publics, les deux réunis veulent dire : intérêts publics ; de telle sorte que tout homme qui se dit républicain se dit serviteur des intérêts publics, c'est-à dire obligé d'aider au bien-être et à la liberté de chacun. Le bonheur ne s'obtient que par l'ordre et par le travail , non en brisant les croix, les reverbères, les portes, en brûlant les maisons, ni en persécutant les gens qui usent de la liberté de penser à leur guise. C'est pour cela que M. de Mahy s'est montré un bon républicain, un homme de bien et d'esprit en venant chez nous étudier la vigne américaine ; en faisant cela, il encourageait le travail qui doit nous rendre ce que nous avons perdu avec la vigne française.

Depuis ce jour de gloire viticole, nous avons eu bien des soucis, bien des peines, ce n'est que cette année, devant la belle apparence de nos vignes, que nous commençons à les oublier.

GRANDE CULTURE

DE LA

VIGNE AMÉRICAINE

PLANTATIONS MIXTES FRANCO-AMÉRICAINES

Vos soucis sont surtout venus par manque d'expérience et de ce que vous ne lisiez pas tout ce que je lisais. Je vous avertissais que vous vous trompiez en mêlant des vignes françaises avec des vignes américaines et la preuve que je n'étais pas de votre avis, c'est que nulle part je n'ai planté de rangs français.

Quelques bons « testards » n'ont pas voulu croire que la pauvre vigne française avait vraiment fini son temps. En souvenir de ses services passés, ils ont voulu lui garder sa place et alterner des rangs français avec les rangs américains.

La reconnaissance est une bonne chose, mais pas en viticulture, à ce qu'il paraît ; la vigne française s'est montrée ingrate et méchante pour ceux qui l'ont plantée ; non contente de mourir au moment où elle pouvait produire, elle a empêché, par jalousie, les pauvres petits américains de prendre le soleil de sorte que les viticulteurs mixtes au lieu d'avoir « de tout » dans leur vigne, français et américains, n'ont eu ni l'un ni l'autre !

NOMBRE DE SOUCHES A L'HECTARE (1)

Après avoir arraché les souches françaises, les moins réfléchis ont aussi arraché les vignes américaines qui restaient, parce qu'ils les croyaient trop écartées. C'était une seconde erreur, car voici la vérité sur l'écartement des souches.

Quand on plante à nouveau, il est évident que c'est perdre du terrain et perdre des années que de planter plus large qu'il ne faut à la charrue pour passer dans tous les sens ; pendant les premières années chaque souche perdrait plus de terrain qu'elle ne pourrait en occuper, et plus de nourriture qu'elle ne pourrait en absorber.

Mais une fois les souches arrivées à un certain âge elles prennent tout ce que leur donne la terre qui ne leur demande pas si elles sont 1500 ou 4000 à l'hectare.

M. Robin est un grand viticulteur de la Drôme. Il y a chez lui, côte à côte, des rangs de 100 mètres, les uns de trente souches les autres de soixante, les rangs également fumés et soignés. Le produit de ces rangs de trente souches est beaucoup plus considérable que celui des rangs de soixante, parce que tous les rangs étant soignés et fumés de même, chaque souche, dans les rangs de trente mètres se trouve recevoir le double d'engrais et de main d'œuvre que chacune des

(1) M. Cazalis-Allut dit avec raison que quand on plante serré en terrain sec, les plants manquent de nourriture et produisent peu, quand on plante large en terrain humide, ils produisent trop et par conséquent mauvais.

souches du rang de soixante (1). C'est un viticulteur de la nouvelle mode qui parle, mais comme la vieille mode avait du bon, puisque c'est elle qui a donné à nos parents de quoi nous élever, je vais copier aussi ce que disait en 1847 un grand viticulteur de l'Hérault (2).

» Après avoir parlé de certains sols où la mortalité est fréquente, il dit : » Il résulte de ce qui précède que les ceps qui ne trouvent pas dans certaines parties d'une vigne tous les éléments nécessaires à leur existence, s'affaiblissent, et, par conséquent, produisent peu ; on n'a pas à craindre que leur mort ne diminue les produits de la vigne puisque les ceps voisins, étant alors plus espacés, deviennent plus productifs. J'ai dans ma propriété une vigne qui se trouve dans ces conditions, et, bien que je n'y aie plus fait de provins depuis vingt-cinq ans, elle n'a pas diminué de produit quoique les manques soient aujourd'hui de plus d'un cinquième (3). »

Il me semble que ces deux exemples, pris à quarante ans de distance l'un de l'autre doivent vous donner le courage de conserver et soigner ces vignes laissées à grand écartement par l'arrachage des souches françaises. Souvenez-vous, en le faisant, qu'un cheval nourri à pleine ration fait autant d'ouvrage que deux qui partageraient cette même ration, et que si au lieu de la partager entre deux on la partageait entre quatre, on n'aurait bientôt plus ni travail, ni chevaux, mais le prix de leur peau chez l'équarrisseur !

(1) Dans un autre livre plus détaillé, IVe vol de la grande culture de la Vigne américaine, page 129, vous trouverez de plus longues explications là-dessus.
(2) Œuvres agricoles, page 137 Cazalis Allut.
(3) Malheureusement les manques créent des foyers de chiendent.

CÉPAGES.

Vous êtes tous très contents du Taylor comme porte-greffe, il est comme nous, il aime la terre de Garons ; c'est le cas de presque tous les plants à feuillage vert clair. Aucun plant à feuillage vert noir ne s'y plait réellement parce que ce sont des variétés du nord de l'Amérique, bien plus au nord que ne l'est le département du Gard.

Le Vialla et le York'sMadeira, qui vont bienpartout n'ont rien de remarquable chez nous et n'y valent ni le Jacquez ni le Taylor. Quand au York il reste trop petit chez nous pour nos cépages.

Le Riparia est généralement très beau, mais il y a 300 variétés s'appelant ainsi ; quand un même nom est porté par tant de monde comme Lambert, Lenoir, Levert ou Lerouge, on ne sait si tous ceux qui le portent sont d'aussi braves gens les uns que les autres. C'est justement ce qui arrive pour les Riparia, tant il y a de variétés s'appelant de ce nom, tandis qu'il n'y a qu'un Taylor, qu'un Jacquez et qu'un Solonis ; chacun de ces noms vous représente un individu reconnaissable sans avoir à demander « Quel Jacquez ? quel Taylor ? » Ainsi quand vous avez vu un Jacquez se plaire dans un endroit, vous pouvez être sûr que tous les Jacquez, d'où qu'ils viennent, s'y plairont, tandis que dans un même clos vous verrez des Riparia splendides et d'autres très chétifs.

On n'est donc sûr de rien avec ce plant là. Par contre, vous vous êtes tous aperçus que son tronc reste plus petit sous la greffe que celui du Taylor et du Jacquez, ce qui lui donne une infériorité fâcheuse par rapport à ces deux derniers plants.

Le Jacquez est certainement le porte-greffe qui a eu le moins de malheurs dans tout le Midi ; comme produit direct, il donne assez de raisin mais pas assez de jus. C'est pourquoi le Jacquez est un excellent porte-greffe (1) pour l'Aramon, car les greffes réussies donneront la quantité du moût, les greffes manquées lui fourniront la couleur, le degré et le tannin qui conservera le vin. Il s'accommode des terrains argileux, secs, compacts, tandis que le Taylor veut un terrain siliceux, c'est-à-dire un terrain remplissant les fossés de sable par les pluies d'orage.

Ce sont justement ces terrains dans lesquels toutes les variétés de Riparia réussissent, comme vous pouvez le voir à Saint-Benezet, des deux côtés du chemin de Beaucaire.

Vous me direz que tous les terrains ne sont pas comme ceux-là ! qu'il y a les grès, les argiles, les terres maigres, le « tappéras » (2) etc. Pour ceux-là, nous avons l'Herbemont, le Cunningham et le Rupestris. L'Herbemont s'arrange de graviers secs, mais profonds, parce que c'est un plant à grand développement et à grand rendement ; le Rupestris, quoiqu'il se plaise mieux dans les bonnes plaines, s'arrange de terrains moins profonds que l'Herbemont ; quant au Cunningham, il accepte ce que les autres refusent et est superbe à côté des Herbemonts les plus chétifs !

L'Othello n'a de défaut que d'être rare et cher. On a craint pour sa résistance, avant de le mieux connaître, parce que c'est un hybride (3), un

(1) L'expérience dit que cela n'est vrai que là ou la pousse d'automne est exceptionnellement forte.

(2) Gravier peu profond à sous-sol de poudding imperméable.

(3) C'est un croisement ou hybride de Clinton et Black-Hamburg.

demi-sang américain-allemand (1), mais il paraît qu'il a pris de chaque côté ce qu'il y avait de meilleur, la résistance de l'américain, le gros grain et la fertilité de l'européen. L'Othello (2) ne fera pas de vins fins, mais il fera de la quantité et, en le mêlant avec des Espars, des Mourvèdres et des Aramons il vous rendra service.

En résumé, pour notre région, nous pouvons compter, en mettant chacun à sa place, sur le Taylor, le Riparia, le Rupestris (que je vous recommande tout particulièrement comme porte-greffe des terrains secs), sur le Jacquez (que je place entre les porte-greffes et les produits directs parce qu'il peut faire les deux), sur l'Herbemont (à la condition de ne pas le risquer dans les terrains forts ou humides) et sur l'Othello qui vous payera tous vos frais si vous vous dépêchez de le multiplier et d'en vendre, pendant qu'il est recherché et rare, aux prix actuels.

Enfin, dans les très mauvais terrains, vous avez le Cunningham , seulement je dois vous prévenir qu'il a tant de moëlle qu'on ne peut guère le greffer jeune et qu'il a aussi des fantaisies contre certains greffons. Cependant il porte bien la Clairette, le Grenache, l'Alicante Bouschet, l'Aramon, et je ne vois pas trop pourquoi il n'en porterait pas d'autres. Mais ne voulant vous dire que ce dont je suis sûre, je vous préviens qu'on dit de lui exactement ce qu'on disait autrefois des Taylor et de ses batailles avec l'Aramon, avec lequel on prétendait qu'il ne s'accordait pas. Il faut croire qu'en vieillisant ils auront fait la paix,

(1) *Note de 1887*. — Voir appendice, causerie viticole, l'Othello en plusieurs endroits.

(2) En 1887 sujet au Black-rot.

car nous connaissons tous de belles et bonnes greffes d'Aramon sur Taylor.

CHLOROSE OU JAUNISSE

Depuis trois ans nous sommes inquiétés par la jaunisse, tantôt sur des sarments isolés, tantôt sur des souches entières, cela s'appelle aussi Chlorose.

Ce jaunissement dépend des racines et se produit plus sur certains cépages que sur d'autres, parce que les racines des uns sont plus fortes que celles des autres (1).

La terre naturellement légère, n'est jamais ni très sèche ni très mouillée, aussi un gamin avec une vieille mule et une mauvaise charrue peut faire, dans ces terrains là et par tous les temps, un labour présentable, tandis que dans une terre forte et resséchée par le soleil après la pluie, un bon laboureur, une bonne charrue et dix bêtes ne feront pas le travail que fait le gamin avec sa vieille mule dans une terre légère !

Pour comprendre le rapport qu'il y a entre la couleur des feuilles et la terre il faut se rappeler que les feuilles sont vertes parce que la terre leur fournit toutes sortes de nourritures, parmi lesquelles une espèce de peinture qui s'appelle la Chlorophylle ou couleur verte (2).

Cette teinte verte permet à la plante d'utiliser la lumière et la chaleur du soleil ; chaque couleur

(1) *Note de 1887*. — Cette année on a pu voir que la différence de la température éprouvée par les feuilles et les racines contribuait à la Chlorose. Tant qu'il a fait froid, la végétation a été lente, le vert est resté foncé. Le jaune a paru avec la chaleur. Le sulfate de fer à produit de bons effets en 1887.

(2) Grande culture de la vigne américaine, vol. IX, page 100.

reçoit les rayons du soleil d'une manière qui lui est propre et utile : les nuances foncées les concentrent et les attirent, le blanc les disperse et les renvoie, le vert les modère.

La nature prévoyante donne aux végétaux de chaque région la couleur qui concilie le mieux ses besoins avec le climat.

Les sapins et les concords qui sont des plantes du Nord ont des feuilles foncées tirant sur le noir; celles des vignes des régions tempérées, sont d'un vert vif ; les aloès et les cactus en Afrique sont verdâtres tirant sur le bleu clair.

Pour que la racine envoie toutes les nourritures qu'il faut à la partie de la plante qui est à l'air, il faut qu'elle puisse traverser la terre et chercher cette nourriture sur un parcours d'autant plus grand que la terre sera plus pauvre et plus sèche (1).

Les mêmes raisons qui empêchent une charrue de soulever et traverser la terre, empêchent les racines de faire leur ouvrage. Soit que la terre soit sèche et serrée comme la brique faite, ou mouillée et collante comme la pâte d'argile avec laquelle on fera cette brique, l'effet est le même, la racine ne peut ni fonctionner ni croître, ni par conséquent envoyer de nourriture à la plante.

Le remède est simple et radical. Quand votre charrue ne marche pas, ce n'est pas le terrain que vous changez, mais vous prenez une autre charrue plus solide, vous faites appointer des rayes de rechange, vous doublez l'attelage et vous renoncez à aller aussi profond !

Pour les vignes qui se chlorosent, rendez-vous compte de la force de pénétration des racines

(1) Voir note page 8.

par rapport à la force de la terre et changez de plants ; vous verrez que les racines de Jacquez ont plus de force et descendent moins profondément que les racines de Riparia, de sorte que le Jacquez, se conduit vis-à-vis de la terre comme une charrue plus forte, mais qui, au lieu de descendre profondément n'attaquerait que la surface meuble du sol, et le Riparia, comme une charrue très faible qui descendrait profondément.

Si je n'avais peur de vous faire rire en parlant de choses sérieuses, je vous dirais que le Jacquez ayant des racines à huit couples et le Riparia des racines à deux couples, il n'est pas étonnant que dans les terrains forts le Jacquez nourrisse bien ses feuilles et les tienne vertes tandis que le Riparia les laisse jaunir.

Les feuilles jaunes ont encore une autre cause, la voici : Quand un plant est très vigoureux, que le printemps est chaud et que la terre est froide (faites bien attention à ces trois choses) la végétation extérieure part vite, dépense beaucoup, excitée par la chaleur ; mais comme le froid sous terre ralentit la végétation des racines, les feuilles dépensent les provisions ramassées dans les bois, tandis que la racine ne peut encore rien remettre au magasin. Il arrive nécessairement un jour où les feuilles ne reçoivent plus leur ration; c'est alors qu'elles jaunissent, ce qui est leur manière de dire qu'elles meurent de faim. Ce malheur arrive dans les terres blanches qui, ne contenant pas de fer, ne peuvent être ni brunes ni rouges, ou encore dans celles qui n'ont pas nos bons cailloux pour les réchauffer et les tenir humides en même temps. Le remède à ce genre de jaunisse est impraticable en grande culture, car c'est de changer la couleur de la terre ; on le peut en la recouvrant de machefer, de coke, de terre rouge, mais ce sont des moyens chers dont nous n'avons pas à nous occuper.

En résumé la chlorose se produit aussi bien par excès d'humidité que par excès de sècheresse, exactement des mêmes manières que se produit la difficulté de labourer les terres ; elle varie avec la force des racines, comme avec celle de la charrue. Elle se produit encore lorsque la végétation extérieure, marchant trop vite et devançant la végétation des racines, laisse les feuilles épuiser la provision de sève plus vite que celles-ci ne peuvent la renouveler. C'est donc toujours un manque de nourriture des feuilles qui les fait jaunir, que cette maladie soit, selon cépage, terrain ou gravité : passagère, dangereuse ou mortelle.

Elle se produit principalement : 1° sur les plants greffés très jeunes (1) ; 2° sur les plants à leur première et seconde année de greffe (2).

On remarque que c'est à la seconde et troisième année de greffe qu'il périt le plus de souches. Celles qui ont passé cet âge ont des chances pour durer aussi longtemps que si elles étaient franches de pied !

REMPLACEMENTS, PROVINS

Voici les moyens de remplacer les manquants, c'est beaucoup plus difficile avec les vignes américaines greffées qu'avec les vignes françaises.

(1) C'est pourquoi elle est plus fréquente dans l'Hérault où l'on greffe à un an, que dans le Gard où l'on greffe à deux ou trois ans, plus tôt trop tard que trop tôt.

(2) La soudure ralentit toujours la sève, c'est pourquoi la greffe augmente la fructification, mais quand la racine diminue son envoi de sève, alors la soudure, au lieu de ralentir la sève, l'intercepte tout à fait. — (Voir *Grande Culture*, IVe vol. page 109 et suivantes).

Vous vous rappelez que lorsque vous plantiez un rang de français, un rang d'américains, les français montaient droit, privant les américains de soleil ! Le même inconvénient se produit en mettant, comme remplaçants, des jeunes plants rampants, au milieu des greffes de variétés françaises, pour la plupart érigées : les petits américains sont étouffés à peine plantés. Il y a trois manière de tourner cette difficulté.

1° Faire des provins avec les « sagattes » (ou rejets) que les portes-greffes (surtout les Taylors) ne cessent de produire sous la greffe ; greffer ces provins l'année suivante;

2° Faire des provins avec des sarments français et les greffer profondément en américain direct, en Othello ou Jacquez, par exemple (1);

3° Remplacer avec des Rupestris ; ils montent droit comme des petits peupliers, grandissent vite et peuvent être greffés jeunes.

LE GREFFAGE (2)

Nous voici enfin rendus au greffage. Je suis sûre que vous aviez envie que je me dépêche d'y arriver, car vous avez du goût pour le travail adroit, une fois que vous y avez touché ; mais au commencement, lorsque j'ai fait venir les greffeurs de Lavérune (3), vous n'aviez guère envie de travailler avec eux ! Puis, dès que vous vous

(1) Ceci est un moyen qu'un fermier réussit et qu'un propriétaire manque. Il y a deux choses où vous réussissez mieux que nous, parce que vous avez le bonheur de les faire vous mêmes... soigner vos enfants et soigner vos greffes.

(2) Grande culture vol. IV, page 76.

(3) En 1876 et 1877. De l'Hérault.

y êtes mis, vous avez fait aussi bien qu'eux, quelquefois mieux !

Notre seule erreur a été de croire qu'il ne fallait pas greffer jeune. Cela nous a fait perdre deux ans, puis nous n'avions pas compris que lorsqu'une greffe était manquée, le retour de sève causait une maladie qui empêchait la souche d'être regreffée, sans en mourir, l'année suivante.

GREFFE DE CADILLAC.

Le fait est que d'avoir la tête coupée, même une seule fois, est un fait assez grave pour expliquer une maladie mortelle. C'est justement pour cela que j'ai l'intention, les premiers jours du mois prochain, c'est-à-dire en septembre, après le congrès de Bordeaux, d'aller étudier à Cadillac (1) un système de greffage avec lequel on ne coupe les têtes que lorsqu'il en est répoussé une neuve ! de plus, ce système permet de greffer à l'été, à l'automne et de recommencer au printemps jusqu'à ce qu'on ait réussi et tout cela sans causer la moindre maladie ni retour de sève au porte-greffe !

A Cadillac (2) la culture est plus petite qu'ici, le monde y est plus habitué aux soins délicats, mais cela ne doit pas vous arrêter, car vous êtes devenus très adroits depuis que vous travaillez la greffe et je ne vois pas pourquoi vous ne réussiriez pas ce que d'autres réussissent là-bas. Le tout est d'aller voir de ses yeux si ce qu'on

(1) Gironde, près Bordeaux. Ceci fut écrit en juillet 1886.
(2) Grande culture, vol. IV, page 93.

dit est vrai, je vous le raconterai de suite en revenant (1).

GREFFE EN FENTE SUR PLACE

I. — *La Fente.*

Vous savez tous greffer en fente, mais comme quelques détails peuvent vous échapper je vais vous expliquer l'opération d'un bout à l'autre :

1° Coupez la souche presque à fleur de terre afin que la soudure soit assez haute pour enlever facilement les racines du greffon ;

2° Coupez-la un peu au-dessus d'un nœud, parce que les fibres y sont élastiques, serrées et que le bois plus vivant, s'y referme plus fortement sur le greffon ;

3° Placez un nœud de charrette en ficelle (2) autour de la souche à l'endroit où doit s'arrêter la fente, afin que cette fente ne s'ouvre ni trop long ni trop large sous la serpette ;

4° Faites votre fente courte, droite, nette sans y retoucher, ce qui l'élargirait et diminuerait l'élasticité avec laquelle elle doit se refermer sur le greffon.

LA GREFFE EN FENTE

II. — *Le Greffon.*

Les greffons ont du être mis dans du sable

(1) Note de 1887. J'ai été à Cadillac. Vous savez ce que je pense de cette greffe. Voir compte-rendu réunion de Montpellier. Mars 1887.

(2) Deux tours se croisant serrant sans arrêter le nœud.

sec (1) dès la taille. Je dis sec, parce que le rôle du sable n'est pas de communiquer de l'humidité au greffon mais de lui conserver celle qu'il possède. Le greffon est donc relativement sec lorsqu'on le sort du sable et il faut s'arranger pour qu'il ne sèche ni ne se mouille en attendant son emploi.

S'il séchait, ses veines ne seraient pas assez souples pour s'ouvrir et aspirer la sève du porte-greffe. S'il était mouillé, ses mêmes veines gorgées d'eau ne seraient pas assez avides de la sève du porte-greffe ; le premier mouvement préparant la soudure est justement celui provoqué par l'avidité du greffon et inaugurant la vie commune ; 2° l'eau mêlée à la sève la gâterait.

Revenons à notre souche fendue qui attend le greffon !

1° Il faut tailler le biseau du greffon très court, tout comme la fente.

Autrefois on cherchait ce qu'on appelait les fentes parallèles (2) (c'était une manière de parler, cela veut dire presque parallèles, car si elles l'étaient tout à fait, la greffe serait impossible).

Lorsque les fentes sont longues et par conséquent presque parallèles, les veines sont coupées en long et se placent à côté les unes des autres sans s'emboiter, mais quand les biseaux sont courts les fentes coupent les veines de l'écorce en biais, elles se rencontrent sur la coupe même et la sève pénètre tout naturellement d'une écorce dans l'autre.

(1) Il faut que le tas de sable soit haut et large, autant pour peu que pour beaucoup de greffons afin qu'ils soient enterrés au point de ne pas sentir les saisons Quand on les arrange bien, ils peuvent se conserver d'une année à l'autre.

(2) Parallèle veut dire deux routes gardant le même écartement quelle que soit leur longueur. Les ornières sont parallèles.

2° Il faut abattre chaque côté du greffon d'un seul coup afin d'avoir des surfaces plates comme celles de la fente, faute de quoi il se formerait des vides qui, laissant pénétrer la terre et l'eau, pourriraient la souche à la longue (1).

3° Enfoncer le greffon dans la fente lentement, fermement et en laissant au dehors aussi peu de surface coupée que possible.

4° Reprendre les bouts de la ficelle, remonter quelques tours jusqu'au haut de la fente, puis arrêter le nœud.

5° Il n'est pas indispensable de recouvrir les fentes de terre glaise, mais il y a avantage à passer un lait de terre glaise sur la ficelle, avec un pinceau, pour faire adhérer la terre et intercepter l'air.

6° Enfin il faut butter doucement, soigneusement et que la butte soit haute et surtout large afin qu'elle ne puisse, en s'affaissant, exposer la tête du greffon au soleil qui la sécherait de proche en proche jusque dans la fente.

ÉPOQUE DU GREFFAGE (2).

Quel est le meilleur moment pour greffer ? On ne peut répondre sans expliquer comment la soudure s'opère.

La racine agit comme une pompe aspirante et foulante, elle aspire l'humidité de la terre avec une force plus grande qu'on ne le suppose, et avec une force égale l'envoie dans la souche sous forme

(1) Presque tous les accidents dont on parle tiennent a ces vides qui se creusent avec les années.

(2) Note de 1887. Pour le greffage décapité mai est la perfection, mais pour les greffages à tête conservée c'est aout-septembre.

de sève qui va butter contre la greffe. Si les points de contacts sont suffisants, elle pénètre dans le greffon ; aidée par la lumière et la chaleur elle développe les bourgeons et redescend dans les racines qu'elle nourrit afin que le nouvel accroissement l'approvisionne à nouveau et ainsi de suite. C'est comme le mouvement d'une noria dont on ne prendrait pas l'eau, elle monterait, descendrait, remonterait pour redescendre suivant toujours le même chemin.

En passant et repassant la sève dépose dans les coupures une sorte de gomme ou de jeune bois liquide qui s'appelle « le cambium » qui soude et guérit les coupures plus ou moins vite selon que la température active plus ou moins la végétation. Remarquons bien ceci : la chaleur active la végétation et par conséquent la soudure ; le froid ralentit la végétation et par conséquent aussi la soudure.

Les soudures vite faites sont les meilleures ; quand on se coupe et que de suite on ferme la coupure, sans qu'elle se rouvre, une cicatrisation rapide et parfaite s'accomplit ne laissant aucun bourrelet ; si au contraire une coupure s'est rouverte, la cicatrisation est lente et laisse un bourrelet à sa « soudure », tout comme la greffe.

Quand la soudure ne se fait pas vite et que les ralentissements de végétation sont longs ou fréquents, elle se fait mal et risque de ne pas se faire du tout.

Résumé : puisque la chaleur et le beau temps activent la végétation et que la soudure dépend de cette activité, il faut greffer par la chaleur et par le beau temps ; comme les beaux jours chauds sont plus fréquents en avançant dans la saison, il vaut mieux greffer tard que tôt.

Dans les essais comparatifs où les greffes hâtives ont mieux réussi que les tardives, c'est-à-dire en mars qu'en mai, c'est que les greffons étaient mal conservés et que les bourgeons étaient déjà en mouvement.

SOINS A DONNER APRÈS LE GREFFAGE (1)

Quand la greffe a pris, il faut s'occuper d'enlever les « sagattes » ou repousses du porte-greffe et les racines du greffon. Il faut commencer ce travail environ cinquante jours après le greffage : plus tôt, on ébranlerait la greffe, plus tard les racines étant organisées et fibreuses se reformeraient. Tant qu'elles sont blanches et non fibreuses les cicatrices qu'elles laissent sont sans inconvénient mais une fois fibreuses, brunes et ramifiées (2) elles repoussent éternellement aux mêmes endroits.

On croit communément que les greffons ne s'enracinent que la première année, c'est inexact. Une fois qu'une racine « fibreuse » a été coupée sur le greffon elle laisse le germe qui en produira de nouvelles. Donc il faut enlever souvent les racines du greffon la première année et même la seconde, De plus on doit visiter les greffons chaque hiver, au moment du déchaussage.

Lorsque cette précaution a été omise et qu'il existe des racines françaises, même anciennes et nombreuses, il ne faut pas se croire perdu, mais se dépêcher de les vite enlever en quelque saison qu'on se trouve, puis enlever et surveiller les repousses comme la première année de la greffe.

(1) Note de 1887. Les soins sont autres et beaucoup plus compliqués pour la greffe de Cadillac.
(2) Autrement dit fourchues, branchues.

C'est une maladie, un retard qu'on peut réparer; le pire qui puisse arriver serait de perdre le greffon et d'avoir à regreffer le porte-greffe qui survit généralement à cette aventure.

MALADIES PARASITAIRES

I. L'Erynéum

Nous avons malheureusement beaucoup de maladies nouvelles à soigner. La première qui paraît, c'est l'Erynéum. Il ressemble au mildew, apparaît principalement sur l'aramon et produit des bosses sur le dessus des feuilles ; le dessous de ces bosses forme des poches remplies d'un duvet blanc. Cette maladie est sans remède, mais aussi sans danger, seulement elle précède souvent l'anthracnose qui est plus grave.

II. L'Anthracnose

On reconnaît l'anthracnose aux taches noires qui dévorent les jeunes sarments et les percent presque à jour ; les raisins s'attaquent, tombent, et la souche peut être perdue à jamais. On prévient cette maladie en badigeonnant tous les ans, en mars, les souches que l'on croit menacées avec 40 kilos de sulfate de fer dans un hectolitre d'eau. Ce badigeonnage retarde la végétation et préserve souvent ainsi de la gelée.

III. Le Mildew ou Peronospora

Occupons-nous de notre plus grand ennemi, le mildew. Enfin on a trouvé un remède inspirant confiance mais qui demande a être appliqué avec la plus grande précision (1).

Pour le bien appliquer, il est nécessaire de savoir comment la bouillie bordelaise a été découverte ; quoique ce soit un peu long, je vais vous le raconter.

HISTOIRE DE LA BOUILLIE BORDELAISE (2).

En 1882, M. Millardet, professeur à l'école d'agriculture de Bordeaux, cherchait à savoir comment le Mildew « vivait », afin d'apprendre à le faire mourir. Pour commencer, il a réuni les conditions qui le font naître.

Dans ce but, il a mis en présence : 1° des feuilles de vigne ; 2° de l'eau ; 3° des germes de mildew ; 4° neuf degrés de chaleur ; puis, armé d'un microscope et d'un thermomètre, il s'est mis à l'affut. Le mildew n'est ni une plante ni une bête et pourtant il est tous les deux, car il remue comme une bête et s'enracine comme une plante. M. Millardet s'aperçut que quand ce germe était sur une feuille mouillée, chauffée à neuf degrés, il remuait très vite pendant cinq heures, puis formait une longue racine, bref, la bête devenait plante. Cette racine pénétrait dans le vert de la feuille et reparaissait de l'autre côté, c'es-à-dire à l'envers, où elle formait une tache blanche que nous connaissons pour notre malheur.

Un jour, par hasard, M. Millardet fit cette expé-

(1) Note de 1887, le soin ne cesse pas d'être nécessaire mais l'eau céleste système Audoynaud et l'ammoniaque sont d'une application à la fois plus facile et plus économique. — Voir extrait du *Petit Messager*.

(2) *Note de 1887*. — M. Millardet croit cette année pouvoir diminuer la quantité de chaux, ce qui rend l'application plus facile qu'avec l'ancienne proportion.

rience avec de l'eau prise dans son puits ; les choses ne se passèrent pas du tout comme d'habitude, Au lieu de prendre et de conserver pendant cinq heures un mouvement giratoire (1), le mildew remua très-doucement pendant deux heures, comme s'il était malade, puis il mourut.

M. Millardet s'empressa d'analyser l'eau de son puits et il y trouva de la chaux et aussi du sulfate de cuivre produit par une vieille pompe. Cela lui expliqua un fait qu'il avait remarqué sans le comprendre.

Il est d'usage, dans le Bordelais, où l'on fait du vin qui vaut très cher et où par conséquent il ne faut pas se laisser voler ses raisins, d'éclabousser les rangées de vignes qui bordent les routes d'un mélange de chaux et de sulfate de cuivre. M. Millardet, comme plusieurs autres personnes, avait remarqué que ce mélange éloignait presque autant le mildew que les maraudeurs, de sorte que lorsqu'il vit que l'eau de son puits faisait le même effet sur le mildew que le mélange protecteur du bord des routes, il vit qu'il avait trouvé le remède ; seulement, il comprit qu'il y avait un perfectionnement à chercher, celui de détruire le mildew sans faire de mal aux hommes.

Comme M. Millardet et sa famille buvaient depuis longtemps l'eau de ce puits, il était donc sûr que la dose de sulfate de cuivre qui suffisait pour tuer le mildew ne suffisait pas pour faire mal au monde ; mais comme ce sulfate est cher, et au moins inutile dans le vin, il fallait chercher à en employer aussi peu que possible. Une autre difficulté qui le fit beaucoup travailler fut celle-ci : quand on mêle du sulfate de cuivre avec de la

(1) Giratoire veut dire mouvement tournant, c'est comme la girouette, qui tourne autour de son pivot.

chaux, la chaux enferme les imperceptible petites parties de sulfate de cuivre dans une croûte tout comme dans une dragée où l'amande est enfermée dans le sucre ; la difficulté est de mettre : Assez de chaux pour conserver le sulfate de cuivre assez longtemps et pour l'empêcher de brûler les feuilles ; de ne pas en mettre trop, ce qui enfermerait tout-à-fait le sulfate de cuivre et l'empêcherait de faire de l'effet.

Après avoir travaillé à cela depuis 1882, il annonça, en octobre 1885, qu'il était sûr de son remède en suivant la proportion exacte de huit kilos de sulfate de cuivre contre 15 kilos de chaux dans 130 litres d'eau, le tout bien exactement pesé, et la chaux criblée afin qu'aucun déchet ne fit varier les proportions.

PRÉTENDUS INSUCCÈS DE LA BOUILLIE BORDELAISE (1).

Ne vous effrayez pas si on vous dit qu'ici ou là le remède n'a pas réussi ; quand il en a été ainsi, c'est qu'on avait mis trop de chaux : je connais des gens qui disent : « Ne craignez pas de mettre de la chaux, cela ne peut pas faire du mal et cela ne coûte pas cher » ; deux erreurs, car si on en met trop, on se trouve avoir si bien « *embarra* » le sulfate de cuivre qu'il ne peut plus sortir (3) alors la chaux fait du mal et coûte car elle gaspille le sulfate de cuivre, qui est cher, en le rendant inutile.

Afin d'être bien sûre de ne pas vous donner un mauvais conseil, j'ai écrit le 28 juillet 1886 à M. Foëx

(1) Note de 1887, le succès de tous les remèdes dépend de l'*époque*.

(2) *Enfermé* en provençal

directeur de l'Ecole d'Agriculture de Montpellier, et je lui ai demandé ceci : « *Est-il vrai qu'il y ait eu des cas où le mildew a fait du mal malgré la bouillie bordelaise ?* (vous avez vu que c'est comme cela que M. Millardet a appelé son remède) ; le 31 juillet 1886 M. Foëx m'a répondu :

« Je n'ai encore observé aucun cas contraire à » ce qui a été dit par les Bordelais sur la bouillie » cuivreuse.

» L'origine probable du bruit qui vous a été » rapporté est ce qui s'est passé chez M. Jules » Leenhardt. Quelques taches de peronospora » (c'est le nom du mildew en latin) ont paru sur » des Jacquez qui avaient été traités en avril (1), » quand les rameaux avaient 0,15 de longueur, et » le mal a paru à la fin de juin quand ils avaient » 1 m. 50 de longueur, c'est-à-dire après avoir » produit de nombreuses feuilles non traitées. »

Vous voyez que ce prétendu échec ne signifie rien du tout, puisque les feuilles atteintes par le mildew n'étaient pas nées en avril quand on a appliqué la bouillie bordelaise.

M. Millardet a aussi remarqué que lorsqu'on mettait la bouillie bordelaise sur les feuilles, avant l'arrivée du mildew, l'effet était meilleur que lorsqu'il était déclaré.

Cela se comprend. Si les chats attrapaient les souris pleines avant la naissance, de leurs petits, il y en aurait moins dans les greniers.

Le mildew est un si terrible voyageur, qu'il faut le traiter comme les maraudeurs du bordelais : quand il arrive, il faut qu'il trouve sa table servie

(1) Note de 1887. A Saint-Benezet le traitement a été appliqué en mai, mais aujourd'hui 20 juin les pousses nouvelles qui ont plus d'un mètre courent les plus grands dangers.

avec une bonne ration de bouillie bordelaise ! Il en mourra ou, mécontent, s'en ira ! Mais si nous lui servons, bien fraîches, des feuilles de Jacquez et surtout de Carignannes qu'il aime, il s'établira, et avec lui une belle famille ! C'est alors que nous dirons, comme l'année dernière : « Adieu, panier, vendanges sont faites ! »

RÉSUMÉ DU MILDEW

Je finis cette longue histoire en vous recommandant : 1° de faire bien exactement le mélange comme il vous est indiqué ; 2° de l'employer préventivement comme dit M. Millardet, ce qui veut dire : à l'avance « en prévenant le mal » ; 3° de laisser chez le marchand toutes les poudres qu'on vous proposera, même si elles contiennent la proportion juste de sulfate de cuivre et de chaux, car l'effet en poudre n'est pas du tout le même ; c'est d'autant plus cher que le vent les emporte, et tout à fait le cas de dire : « autant en emporte le vent ! (1) »

EMPLOI DE LA BOUILLIE BORDELAISE PENDANT LA FLORAISON

On me demande souvent si on doit employer la bouillie bordelaise pendant que la vigne est en fleur ? Certainement oui, si le mildew menace, mais sauf ce cas de danger pressant il ne faut jamais entrer dans une vigne pendant la floraison, car chaque fleur porte un tout petit chapeau

(1) *Note de 1887.* — Tout ceci est aussi vrai plus (si c'est possible) en 1887 qu'en 1886. Sauf que l'ammoniure et l'eau céleste sont d'un emploi plus facile et, parait-il, plus efficace.

qui protège le fruit jusqu'à ce qu'il soit noué ; tout ce qui agite les sarments, comme labourage, binage, peut hâter la chute de cette précieuse calotte et produire la coulure.

Ce que je dis là n'est pas neuf car voici ce qu'on lit dans la Bible : « Qu'on prenne les petits renards qui jouent dans notre vigne, car elle est en fleur et ils pourraient l'empêcher de produire son fruit (1).

QUANTITÉ ET QUALITÉ. — LE GARD ET L'HÉRAULT.

J'ai encore une recommandation à vous faire, un conseil à vous donner : Ne perdez pas de vue que le Gard ne fera jamais autant de vin que l'Hérault, d'abord parce que le terrain n'est pas le même et parce que jamais vous n'achèterez autant d'engrais qu'on y en achète ; par contre, jamais l'Hérault ne fera d'aussi bons vins que le Gard. Ne lachons pas les bonnes qualités, pouvant se vendre cher, dans l'espoir de quantités que vous ne pourrez jamais atteindre, ce serait lacher ce que vous avez dans la main, dans l'espoir d'attrapper ce que vous voyez de loin !

CONCLUSION

J'ai fait de mon mieux pour vous expliquer ce qu'il y a de nouveau pour vous dans la « Grande culture de la Vigne américaine » mais que cela ne vous fasse ni négliger ni oublier la bonne et sage

(1) Cantique des cantiques.

tradition des vieux vignerons de Garons, que vos pères vous ont enseignée.

Il paraît que cette tradition était la bonne, car pendant la misère du phylloxera, les Garonnais trouvaient du travail partout où ils se présentaient. Ces tristes jours sont passés et Garons a eu le bonheur de voir revenir ses enfants.

Quand on veut me faire plaisir, on me dit que Saint-Benezet a contribué à ramener les absents en leur donnant, d'abord confiance en la vigne américaine, puis ensuite du travail, en attendant qu'elle les paye de leurs peines.

Si c'est vraiment moi qui ai fait tout cela, j'en suis aussi aise que fière, mais ce que je peux vous dire de bon cœur, c'est que Garons n'aura jamais plus de bonheur que ne lui en souhaite la dernière « dame de Baguet ».

LOWENHJELM, duchesse DE FITZ-JAMES.

TABLE

Nimes. — Imp. Régionale, O. Dubois, dir^r, rue Bernard-Aton, 2.

DU MÊME AUTEUR :

GRANDE CULTURE DE LA VIGNE AMÉRICAINE

VOLUME I. — SIXIÈME MILLE

1881-1885

Prix : 2 francs

—

VOLUME II. — TROISIÈME MILLE

ENQUÊTE EN AMÉRIQUE ET EN FRANCE

Prix : 1 fr. 50

—

VOLUME III. — TROISIÈME MILLE

MANUEL PRATIQUE

Prix : 1 franc.

—

VOLUME IV. — PREMIER MILLE

LA VIGNE AMÉRICAINE

1885-1886

Prix : 1 franc.

—

Les cinq volumes : **5 francs.**

Par la poste : 5 fr. 50.

ÉDITIONS POPULAIRES

Premier fascicule

GRANDE CULTURE DE LA VIGNE AMÉRICAINE

(Abrégé dédié aux habitants de Garons)

2me ÉDITION. — TROISIÈME MILLE

Prix : 25 centimes

2me fascicule

EXTRAIT DU MESSAGER DE GARONS

Prix : 20 centimes.

www.ingramcontent.com/pod-product-compliance
Ingram Content Group UK Ltd.
Pitfield, Milton Keynes, MK11 3LW, UK
UKHW020503230726
13925UKWH00005B/2077

9 782014 054347